Elisabeth Junge

Bewegte Bilder im Geographieunterricht

Filme/Videos/DVDs

GRIN Verlag

Bibliografische Information der Deutschen Nationalbibliothek:

Die Deutsche Bibliothek verzeichnet diese Publikation in der Deutschen National-
bibliografie; detaillierte bibliografische Daten sind im Internet über http://dnb.d-
nb.de/ abrufbar.

Impressum:

Copyright © 2009 GRIN Verlag GmbH
Druck und Bindung: Books on Demand GmbH, Norderstedt Germany
ISBN: 978-3-640-36360-5

Dieses Buch bei GRIN:

http://www.grin.com/de/e-book/130284/bewegte-bilder-im-geographieunterricht

Gliederung

Abbildungsverzeichnis

Bilderverzeichnis

Tabellenverzeichnis

Abbildungsverzeichnis (Arbeitsblatt)

1. Bewegte Bilder im Geographieunterricht

„Ein geographischer Vortrag länderkundlichen Inhalts ist ohne die Unterstützung des gesprochenen Wortes durch Lichtbilder oder durch einen Film heute nicht mehr denkbar, eine länderkundliche Darstellung kommt ohne Abbildungen einfach nicht mehr aus." (GREES 1963, 18)
Von Heidi Grees schon 1963 als wichtig erkannt und bis heute stetig wachsend kann die Bedeutung des Films im Erdkundeunterricht angesehen werden. Man zählt ihn unter den allgemeinen Bildmedien zu den Abbildern, zu welchen auch Fotos, Zeichnungen, Gemälde und konkrete Modelle gehören. (KESTLER 2002, 261) Die vorliegende Arbeit beschäftigt sich mit der Bedeutung des Films im Erdkundeunterricht, den dazugehörigen Vor- und Nachteilen, sowie kurz mit der technischen Entwicklung und verschiedenen Gattungen, die im Unterricht verwendet werden können.

1.1 16mm-Film und 8mm-Film

Der allgemein bekannte Kinofilm hat eine Breite von 35mm. Durch ungefähre Halbierung wurde erst der 16mm-Film und dann durch eine nochmalige Teilung der
8-mm Film entwickelt. (BRUCKER 1986, 305) Der 16mm-Film kann einseitig perforiert sein, wobei er dann in der Regel mit einer Tonspur, entweder Lichtton oder Magnetspur, versehen ist. Aufgenommen wurde mit 16, 18 oder 24 Bildern pro Sekunde. (http://www. videooncd.de/begriffe/16mmfilm.php) Die 16mm-Filme werden zwar seit 2001 von den Firmen nicht mehr an staatliche Stellen ausgeliefert, jedoch von den Bildstellen weiterhin verliehen und repariert, solange noch Projektoren an den Schulen vorzufinden sind. Als Vorteil dieser Projektionsform kann die große Bildfläche mit einer hohen Auflösung ebenso genannt werden wie die veränderte Unterrichtssituation, die durch das Verdunkeln des Raumes sowie durch den Medienwechsel bedingt wird. Der hohe technische Aufwand, sowie die Leinwand und der schwere Projektor sind neben der Ausleihsituation, der geringen Aktualität und der erforderten Erfahrung bei der Handhabung jedoch deutliche Nachteile. (KESTLER 2002, 263) Ab 1964 gab es dann zusätzlich den Super-8-Film, bei welchem zwei Magnettonspuren möglich waren. (http://www.videooncd.de/begriffe/super8filme.php) Die 8mm-Filme waren thematisch begrenzt und oft nur drei bis fünf Minuten lang. Dadurch konnte man sie gezielt in einzelnen Unterrichtsphasen einsetzen und oftmals mehrfach wiederholen, was jedoch keinen allzu großen Einfluss auf die Stundenstruktur hatte. Der technische Aufwand ist im Vergleich zu den 16mm-Filmen zwar geringer, aber dennoch vorhanden. Auch eine geringe optische Qualität kann als Nachteil genannt werden. Die 8mm-Filme schafften trotz ihrer didaktischen Vorteile den Durchbruch im Unterricht nicht. (KESTLER 2002, 263)

1.2 Videos, DVDs

Durch die Erfindung der Videotechnik 1951 begann die allmähliche Ablösung der umständlichen Projektortechnik in den Haushalten und somit auch in den Schulen. Das Video Home System (VHS) zum Beispiel ist als analoges Video Aufzeichnungs- und Wiedergabesystem geeignet. Die Kassetten haben eine maximal Spieldauer von 300 Minuten, sind allerdings nur einseitig bespielbar. (http://www.videooncd.de/begriffe/vhs.php) Ab 1995 bahnt sich dann die DVD (Digital Versatile/Video Disc) ihren Weg auf den Markt und löste seitdem allmählich das Video ab. (http://www.gfu.de/home/historie/videos.xhtml) Die Vorteile von Videos und DVDs liegen aufgrund der leichten Handhabung und der Aktualität im Vergleich zu den 16- und 8mm-Filmen klar auf der Hand. Zudem kann man diese Filme auch ohne Verdunkelung im Klassenzimmer einsetzen und Standbilder sowie Zeitlupen sind am Fernseher oder Computer leichter abspielbar als mit einem Projektor. Die oft zu ausufernde Filmlänge lässt sich allerdings oftmals schlecht mit dem Unterrichtsverlauf vereinbaren. (KESTLER 2002, 263)

1.3 Filmgattungen

Im Folgenden wird eine kurze überblickshafte Darstellung über Filme versucht, die im Geographieunterricht verwendet werden. Es gibt zum einen den Unterrichtsfilm, der speziell für den Unterricht konzipiert wurde, sowie den normalen Film, der für das übrige allgemeine Publikum produziert wurde. Hierzu zählen Spielfilme, Serien und auch Fernsehreportagen. Sequenzen aus diesen sonstigen Filmen können auch exemplarisch für den Erdkundeunterricht gebraucht werden, sofern eine didaktische Relevanz vorhanden ist. Bei den Unterrichtsfilmen kann man noch technisch untergliedern, wobei man wieder auf die 16mm- und 8mm-Filme, sowie auf Videofilme, CDs und DVDs trifft. Betrachtet man die Darstellungsweise, so kann man zwischen Realfilmen und Trickfilmen unterscheiden. Realfilme sind realistisch abgefilmte Aufnahmen, bei denen im Nachhinein digital nichts verändert wurde. Sie können farbig und schwarz-weiß sein. Bei reinen Trickfilmen handelt es sich um zeichnerische beziehungsweise graphische Aufnahmen, die vor allem im Bereich der Geologie und Physiogeographie angewendet werden. Zudem gibt es auch eine Mischung aus beiden Filmarten, bei denen die realistisch abgefilmten Sequenzen nachträglich noch trickartig bearbeitet wurden, um manche Zusammenhänge besser und für Schüler eingängiger darstellen zu können. Hierzu zählen auch Zeitlupen und –raffer in einem Film, um z.B. zeitliche Vorgänge besser verständlich zu gestalten. Gliedert man die Unterrichtsfilme nach ihren Inhalten und Absichten auf, so lassen sich Motivations- und Erarbeitungsfilme von Sicherungs- bzw. Transferfilmen abgrenzen. Motivationsfilme zeigen in aller erster Linie Probleme auf, um somit Betroffenheit zu wecken und die Schüler an Problem- und Themenstellungen heranzuführen. Erarbeitungsfilme dienen der Informationsgewinnung und –verarbeitung und werden in der Erarbeitungsphase eingesetzt. Es kann sich hierbei um einen Dokumentations-, Demonstrations-, Beobachtungs- oder exemplarischen Film handeln. Vom Aufbau her schließt sich an die Motivation oft eine reine Information an, die dann in eine vertiefende Wiederholung übergeht, um am Schluss alles Gesehene in Merksätzen zusammenzufassen. Bei den Sicherungs- und Transferfilmen handelt es sich um Übersichtsfilme, die einen Gesamtüberblick über das Unterrichtsthema vermitteln. Durch diesen zusammenfassenden Charakter können solche Filme auch am Ende einer Unterrichtseinheit eingesetzt werden, um vorher Gelerntes noch einmal Revue passieren zu lassen und Zusammenhänge zu veranschaulichen, zu wiederholen und zu transferieren. (RINSCHEDE 2005, 343f.)

1.4 Vorteile

„[…] Filme sind im Geographieunterricht in hohem Maße Ersatz für eine nicht mögliche Realbegegnung." Der Film ist somit auch durch das Ansprechen von zwei Aufnahme-Sinneskanälen bei den meisten Themen dem einfachen Bild überlegen. (KÖCK 2005, 143) Optische Wahrnehmungen werden fixiert, sowie transportierbar und wiederholbar gemacht. Der Unterrichtsfilm schafft es zudem Wirklichkeiten vorzutäuschen und so zu geographischem Wissen hinzuführen. Hierbei können Reisebewegungen (Panorama-, Fahraufnahmen), die Beobachtung der Bewegung des Entstehens und Vergehens und die Bewegung von Einzelheiten bis zur Synthese bei der Typenbildung hilfreich sein. Filmbetrachtung im Unterricht erfordert eine synthetische Leistung, da durch die wechselnden Bildinhalte und die Verknüpfung von Einzeleindrücken ein aktives Mitgestalten und Teilnehmen gefordert wird. (GEIGER 1980, 10f.) Durch die Kamera können zwar nur kleinräumige Ausschnitte erfasst werden, jedoch ist somit die großmaßstäbliche Betrachtung gesichert und es können starke Kontraste innerhalb einzelner Räume gezeigt werden, wodurch die Schüler zu einer Deutung herausgefordert werden können. (GREES 1963, 20f.) Neben dieser Möglichkeit zur Aktivierung des Unterrichtsgesprächs ist liegt eine der wichtigsten Funktionen des Films darin, schwierige Zusammenhänge durchschaubar zu machen sowie allgemein zu motivieren und Realitätsnähe herzustellen. Durch das Erteilen von Arbeitsaufträgen vor der Filmbetrachtung im Unterricht kann zudem das zielgerichtete Sehen der Schüler verbessert werden. Durch dieses zielgerichtete Sehen konzentrieren sich die Schüler während des Films auf die Hauptaussagen, welche nachher die Grundlagen für die weitere Unterrichtseinheit bilden. (BRUCKER 1986, 295f.)

1.5 Nachteile

Neben den Vorteilen, die ein Filmeinsatz im Geographieunterricht bietet, gibt es auch nicht zu vernachlässigende Nachteile und Gefahren. Beim Unterrichtsfilm ist die Sehgeschwindigkeit für die Schüler vorgegeben. Einzelne Sequenzen können nicht länger betrachtet werden, wie zum Beispiel ein einzelnes Dia oder Bild und so können Inhalte unter Umständen verpasst werden. Wiederholungen einzelner Filmsequenzen sind zwar möglich, sprengen aber leicht den einzuhaltenden Zeitrahmen. Ferner kann es zu einer Reizüberflutung durch eine eventuelle Bilder- und Tonschwemme kommen. Die Schüler wissen dann nicht, welche Informationen beachtet werden sollen und nehmen im schlechtesten Falle nur sehr wenig von dem gezeigten Film mit. (KESTLER 2002, 264) Auch ein Film ist keineswegs objektiv und gibt die Realität nur so wieder, wie der jeweilige Blick des Regisseurs darauf ist. Somit ist es ratsam zum Film noch andere Medien ergänzend einzusetzen, um möglichst viele verschiedene Facetten zu beleuchten. (KÖCK 2005, 143) Ferner darf auch die eingeschränkte Möglichkeit der direkten Darstellung räumlicher und geographischer (z.B. sozialgeographischer) Themen nicht vergessen werden. Der Vortrag durch den Lehrer und der Einsatz von Bildern und Texten ist hierbei nicht zu vernachlässigen. (RINSCHEDE 2005, 344)

1.6 Auswahlkriterien beim Film, Vorgehensweise im Unterricht

Um didaktisch wertvolle Filme für den Unterricht auszusuchen, sollte vom Lehrenden auf verschiedene Aspekte geachtet werden. Unterrichtsfilme sollten anthropozentrisch aufgebaut und somit für den Horizont der Schüler passend sein. Der Bezug zu menschlichen Lebensweisen sollte ebenso wie eine motivierende, schülerorientierte Problemstellung vorhanden sein. Kommentare im Film sollten die Aufmerksamkeit lenken, Selbsttätigkeit aktivieren, Zusatzinformationen zum Film bereitstellen und Inhalte vermitteln, die nicht im Bild erfasst und vermittelt sind. Die Länge des Films muss durch die Beschränkung auf das Wesentliche ebenso wie durch die Ermöglichung eines Transfers bestimmt sein. Eine klare Sachgliederung darf ebenso wenig fehlen wie eine nachvollziehbare Lernbezogenheit. (RINSCHEDE 2005, 344)

Bevor ein Film im Unterricht durch den Lehrer gezeigt wird, sollte dieser eingehend vorbesichtigt und auf durch Schüler aufkommende Fragen untersucht werden, damit diesen dann souverän und ausreichend begegnet werden kann. Ferner muss auch die Absicht, der Inhalt und die Art der Films geklärt werden, damit seine Stellung im Kontext der Unterrichtssequenz erkennbar und bewertbar wird. Vor Sehen des Films können den Schülern Beobachtungsaufgaben und Arbeitsaufträge erteilt werden. Danach sollte der Film ohne Lehrerkommentar in seiner Gänze vorgeführt werden, sofern er nicht für eine stückchenweise Vorführung gedacht und konzipiert ist. Nach der Vorführung kann auf spontane Äußerungen und Fragen der Schüler zum Film eingegangen werden. Dies treibt das Unterrichtsgespräch an und zeigt, was nicht verstanden wurde. Zum Schluss findet die Auswertung der Arbeitsaufträge statt, was zu einer Ergebnissicherung mit Hilfe eines Tafelbildes oder Arbeitsblattes führen kann. (KESTLER 2002, 263f.)

2. Sachanalyse

Die „möglichst unverfälschte fachwissenschaftliche Analyse des komplexen Sachverhaltes" (KESTLER 2002, 320) wird als Sachanalyse bezeichnet. Hierbei sollte Forschungsliteratur zur ganzheitlichen Durchdringung des im Unterricht zu behandelnden Themas, auf keinen Fall aber Schulbücher, verwendet werden. Es ist notwendig, dass sich der Lehrende mit der ganzen Komplexität eines Themas auseinandersetzt, auch wenn gewisse Inhalte im Unterricht nicht besprochen werden, um die notwendige didaktische Reduktion durchführen und aufkommende Fragen der Schüler beantworten zu können. Durch eine intensive Beschäftigung mit den Themeninhalten ist es dem Lehrer zudem möglich, flexibel im Unterricht zu reagieren und in einem offenen Unterrichtsprozess zu agieren. (KESTLER 2002, 320)

Im Folgenden wird beispielhaft eine inhaltlich ausführliche Auseinandersetzung mit dem Thema der Gletscherentstehung und deren Bedeutung für die landschaftliche Formung im alpinen und nicht-alpinen Raum stattfinden.

2.1 Definition Gletscher

Die allgemeine Definition bezeichnet Gletscher als große, zum überwiegenden Teil aus Schnee, Firn und Eis bestehende, zusammenhängende Masse. Luft, Schmelzwässer und Gesteinspartikel, welche streckenweise in den Porenräumen des Schnees, Firns oder Eises eingeschlossen sind, können auch Bestandteile eines Gletschers sein. Es muss aber beachtet werden, dass die Bezeichnung Gletscher bei einer aktiven Eisbewegung benutzt wird. Inaktive Bereiche des Gletschers werden als Stagnanteis und abgetrenntes Stagnanteis wird als Toteis bezeichnet. (BAUMHAUER 2006, 73) Die aktive Eisbewegung des Gletschers folgt im Großen und Ganzen der Gefällsrichtung der Gletscheroberfläche, welche von der Gefällsrichtung des Untergrundes differieren kann. (AHNERT 2003, 351f.)

Bild 1: Der Rhone-Gletscher im Wallis. http://www.sf.tv/sfwissen/dossier.php?docid=10400&navpath=umw

2.2 Vom Schnee zum Gletscher

Gletscher bilden sich dort, wo über einen langen Zeitraum mehr fester Niederschlag fällt, als durch Abschmelzen und Sublimation[1] (Ablation) verlorengehen kann. Unter dem Begriff Metamorphose versteht man die Umwandlungsprozesse, denen die Schneedecke unterliegt. (ZEPP 2004, 186) Neuschnee besteht aus Schneekristallen, welche eine geringe Dichte haben. Wenn die Schneekristalle aber durch die Auflast der darüber liegenden hinzugekommenen Schneedecke komprimiert oder aufgeschmolzen werden, entsteht Firn[2]. Wenn der Firn über die Zeit noch dichter wird, verschwinden fast alle Zwischenräume und Eis entsteht. Dieser Umwandlungsprozess geschieht bei den Gletschern der niederen Breiten oft in wenigen Jahren, wohingegen in extrem kalten Regionen einige tausend Jahre dazu benötigt werden können. (GOUDIE 2007, 115) Die nachfolgende Tabelle stellt eingängig dar, wie hoch der Verlust der Porenvolumina und die damit einhergehende Dichtezunahme des Schnees bei seiner Metamorphose sind.

Schneeart/Firn/Eis	Dichte in kg/m³	Porenvolumina in %
Neuschnee/Pulverschnee	30-60	97-93
Neuschnee/windgepackter Schnee	60-300	93-67
Altschnee	200-550	78-50
Firn	400-800	56-20
Eis	917	0

Tabelle 1: Lagerungsdichten und Porenvolumina von Schnee, Firn und Eis (nach ZEPP 2004, 187)

Der längere Zeitraum der Eisbildung in den extrem kalten Polarregionen lässt sich damit erklären, dass Schnee schneller zu Eis wird, wenn der Vorgang des Auftauens und Wiedergefrierens und die Belastung durch den Druck der neuen Schneedecke zusammenwirken. Dieses Zusammenwirken ist allerdings eher in den Gletschergebieten der mittleren Breiten, wie z.B. in den Alpen der Fall. Am Nordpol ist es so kalt, dass das Eis größtenteils gar nicht auftaut und somit auch nicht wiedergefrieren kann, wodurch die Eisentstehung lediglich nur durch den Druck der neuen Schneekristalle auf die bereits vorhandenen stattfinden kann. (BÖHM 2007, 55)

2.3 Gletscherhaushalt und Massenbilanz

Das Wachstum und der Rückzug eines Gletschers werden bestimmt durch den Nettohaushalt, welcher als Differenz zwischen Akkumulation[3] und Ablation[4] definiert ist. Ist die

---

1   direkter Übergang eines Stoffes vom festen in den gasförmigen Zustand und umgekehrt (LESER 2005, 919)

2   durch Gefrieren und Wiederauftauen körnig gewordener und verdichteter mehrjähriger Schnee (LESER 2005, 229)

3   Ansammlung von Verwitterungs-, Abtragungs- und Bodenmaterial mit Veränderung der Reliefformen bzw. der Bodenformen und deren Raummuster (LESER 2005, 26)

4   Abschmelzung und Verdunstung von Eis oder Schnee im Sinne eines einheitlichen Massenverlustes (LESER 2005, 12)

Differenz zwischen Akkumulation und Ablation über einen längeren Zeitraum hinweg bei dem Wert Null, so stagniert der Gletscher und die Größe bleibt gleich. Wenn die Akkumulation die Ablation übertrifft, so stößt der Gletscher vor und übersteigt die Ablation die Akkumulation, so zieht sich der Gletscher zurück und wird kleiner. Die Akkumulation bei Gletschern findet in dem kälteren und höher liegenden Nährgebiet durch Schneefälle statt. Im wärmeren, niedriger liegenden Zehrgebiet findet Ablation durch Sublimation, Abschmelzen oder Kalben[5] der Gletscher statt. (PRESS 2003, 390f.) Das Nährgebiet, in welchem der Gletscheraufbau durch Schneefall, Firn und Eisbildung überwiegt, wird durch die Gleichgewichtslinie vom Zehrgebiet getrennt, in welchem die Ablation der vorherrschende Prozess ist. Im Nährgebiet ist somit die Massenbilanz[6] positiv und im Zehrgebiet negativ, wohingegen die Massenbilanz an der Gleichgewichtslinie gleich Null ist. (ZEPP 2004, 187)

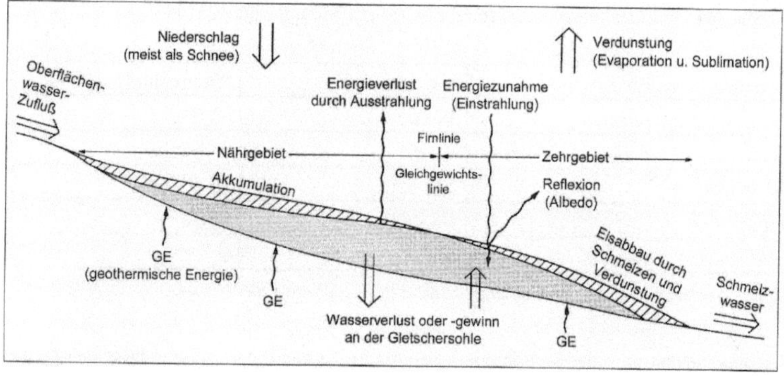

Abbildung 1: Schematische Darstellung des Energie- und Massenhaushaltes eines Gletschers (ZEPP 2004, 186)

Da die Gleichgewichtslinie nicht immer einfach zu ermitteln ist, wurde als Ersatz die temporäre Schneegrenze herangezogen. Diese verschiebt ihre Höhenlage mit den Jahreszeiten oder sogar mit einzelnen Schneefallereignissen und Sonnentagen. Die reale bzw. orographische Schneegrenze wird als die höchste Lage der temporären Schneegrenze im Spätsommer bezeichnet. Die reale Schneegrenze auf Gletschern wird auch als Firngrenze bezeichnet. Mit der Bezeichnung der klimatischen Schneegrenze ist die mittlere Höhe der realen Schneegrenze in einer Region im Gebirge gemeint. (AHNERT 2003, 354)

---

[5]   das Losbrechen von Eisbergen und Wegschwimmen von der Stirn von Gletschern, welche im Meer oder See enden (LESER 2005, 403)

[6]   die für einen bestimmten Zeitraum geltende Zu- oder Abnahme der Eismenge eines Gletschers, die sich aus der gesamten Schneeablagerung im Nährgebiet und der gesamten Abschmelzung im Zehrgebiet ergibt (LESER 2005, 541)

2.4 Gletschertypen

Gletscher werden nach unterschiedlichen Kriterien klassifiziert. Als Beispiel seien hier die Morphologie, Größe, physikalische Eigenschaften und Charakteristika des Massenhaushaltes genannt. Die folgende Typisierung orientiert sich an der Beziehung der Gletscher zum unterlagernden Relief. Nicht talförmige, sogenannte Deckgletscher bedecken mit ihrer geschlossenen Eisdecke sämtliche Höhen und Tiefen eines Reliefs. Zu diesem Typ gehören das Inlandeis, Eiskappen, Auslassgletscher, Eisschelfe und Plateaugletscher. Das Inlandeis der Antarktis und Grönlands stellt ca. 95% der auf der Erde vorkommenden Gletscher dar. Es hat sich als Eispanzer über die Kontinentflächen gelegt. Zentrale Erhebungen innerhalb eines Eisschildes oder Inlandeises werden als Eisdom bezeichnet. Durch diese entsteht ein differenziertes Fließmuster.

Bild 2: Inlandeis. http://www.bujack.de/images/b_nordpolflug/gross/Nordpoltour_Fotoschau_112.jpg

Als Eiskappe bezeichnet man Eisschilde, die kleiner als 50000 km² sind (Inlandeis überdeckt eine Fläche von mehr als 50000 km²). Als Nunatakker werden einzelne Gipfel des anstehenden Gesteins bezeichnet, welche aus der Eisoberfläche herausragen. Durch Gletschererosion wurden diese an ihren Flanken übersteilt.

Bild 3: Alfabet Nunatakker am Rande des Eisschilds in Ostgrönland. http://www.swisseduc.ch/glaciers/arctic-islands/arctic-04-de.html?id=3

Als Auslassgletscher bezeichnet man Gletscherzungen, welche von zentralen Eismassen wie Eisschilden, Eiskappen oder Plateaugletschern abfließen und deshalb kein eigenes, ihnen zugehöriges Akkumulationsgebiet besitzen.

Eisschelfe hingegen sind dicke, schwimmende Eisdecken, die Flachmeerbereiche bedecken und eine beständige Verbindung zur Küste besitzen.

Bei Plateaugletschern handelt es sich um ausgedehnte Vergletscherungen, deren Eismächtigkeit jedoch geringer ist. Sie überdecken wellige Hochflächen und zeichnen sich durch kleine Gletscherzungen an den Rändern aus. Diese hängen an Bergflanken oder strömen durch Täler ab.

Als reliefuntergeordnete Gletscher werden jene bezeichnet, für deren Morphologieausgestaltung das Relief z.B. in Form von hochgelegenen Verebnungen eine größere Rolle spielt. Zu diesem Gletschertyp gehören die Talgletscher, Kargletscher, Gebirgs- oder Hanggletscher ebenso wie das Eisstromnetz und die Piedmontgletscher (Vorlandgletscher).

Charakterisierend für die Talgletscher sind kilometerlange Gletscherzungen. Grate und Bergspitzen, welche gletscherfrei sind, überragen die Nährgebiete deutlich. Die Eismasse der Talgletscher bewegt sich in einem Tal unter dem Einfluss der Schwerkraft abwärts und weist ein deutlich umgrenztes Einzugsgebiet auf.

Kargletscher sind kleinflächig und entstehen aus Gletscherflecken und Firnmulden. Das entstehende Gletschereis bewegt sich hangabwärts und formt so durch die erosive Wirkung die Hangmulde in ein Kar[7] um.

Als Gebirgs- und Hanggletscher werden kleine Gletscher in Vertiefungen steiler oder flacher Hänge bezeichnet. Sie können oft eine Vorstufe zum Kargletscher darstellen.

Eisstromnetze stellen einen Zusammenschluss von einzelnen Talgletschern dar. In diesem Fall ist das Eis so mächtig geworden, dass es über Pässe hinweg in das benachbarte Tal überfließen kann.

Wenn Eisstromnetze bis in eine flache Vorlandebene hineinreichen, spricht man von einem Vorland- oder auch Piedmontgletscher. Durch das Verlassen der umgebenden Steilhänge kann sich der Gletscher somit fächer- oder kuchenförmig am Gebirgsfuß ausbreiten. (GOUDIE 2007, 115; ZEPP 2004, 188f.; AHNERT 2003, 355f.; BAUMHAUER 2006, 76f.)

---

[7] Ursprungsstelle des Gletschers und im einfachsten Fall eine sesselförmige Felswanne in einem steileren Berghang, die einen flachen, gewölbten Boden und einen anschließenden Anstieg zur Karschwelle aufweist (LESER 2005, 412)

2.5 Gletscherbewegung

Eis beginnt zu fließen und wird somit zum Gletscher, wenn es sich zu einer entsprechenden Mächtigkeit anhäuft, welche ausreicht, dass die Schwerkraft den Widerstand des Eises gegen das Fließen überwindet. Der Gletscher gewinnt an Geschwindigkeit, wenn das Eis dicker oder der Hang steiler wird. Auch auf einer ebenen Fläche fließt das Eis nach außen, sobald es eine gewisse Mächtigkeit erreicht hat. (PRESS 2003, 392)
Ein Gletscher kann sich auf drei verschiedene Arten bewegen. Er kann durch einen Wasserfilm auf der Gesteinsoberfläche gleiten, sich durch interne Deformation des Eises oder durch wechselnde Stauchungs- und Streckungsvorgänge bewegen.
Die Gleitbewegung kommt durch ein Herabsetzen des Gefrierpunktes von Wasser wegen der großen Druckauflast zustande. An der Gletschersohle entsteht durch die Bewegung und Auflast des Eises Druck, welcher eine dünne Eisschicht aufschmelzen kann. Zwischen Gletscher und Gesteinsuntergrund entsteht somit ein Wasserfilm, welcher die Reibung verringert und dem Gletscher die Gleitbewegung ermöglicht. Dieses basale Gleiten kommt in der Regel bei warmen („temperierten") Gletschern vor, bei denen die Eistemperatur in der Nähe des Gefrierpunktes liegt. Ein relativ geringer Teil der Bewegung findet durch Regelation statt. Dieser Prozess bezeichnet das Wiedergefrieren von Wasser an kleinen Unregelmäßigkeiten des Gesteinsuntergrundes. (GOUDIE 2007, 118f.) Die Temperatur des Eises an der Gletschersohle hängt von der Oberflächentemperatur und vom Wärmefluss am Untergrund ab. In weniger kalten Gebieten, in welchen die Lufttemperatur an der Erdoberfläche nicht zu niedrig und der Wärmefluss aus dem Untergrund höher ist als sonst, reicht die Temperatur an der Gletschersohle oftmals aus, um einen Schmelzprozess in Gang zu bringen. (PRESS 2003, 394)
Interne Deformation von Eis bzw. plastisches Fließen findet unter dem Einfluss der Schwerkraft statt. Weitere Kräfte, die dabei entstehen, hängen von der Eisdicke und der Hangneigung ab und beeinflussen dieses Fließen. Der Grad der plastischen Deformation (Eis ist gleichzeitig spröde und plastisch verformbar) steigt mit zunehmender Hangneigung. Daneben sind die Eistemperaturen sehr wichtig, da sich kaltes Eis weniger stark verformt als temperiertes. (GOUDIE 2007, 119) Plastisches Fließen dominiert in den Gebieten der Erde, in welchen es extrem kalt ist und die Temperatur des Eises im gesamten Gletscher weit unter dem Gefrierpunkt liegt. Das Eis der Gletschersohle ist am Untergrund festgefroren und der größte Teil der Gletscherbewegung erfolgt durch plastische Deformation oberhalb dieser Sohle. Trotz der geringen Bewegungen werden durch diese Bewegungsart alle lösbaren Bruchstücke aus dem anstehenden Gestein und Boden herausgerissen. (PRESS 2003, 393)
Aufgrund bestimmter Bedingungen können im Eis Stauchungs- und Streckungsprozesse auftreten. Das Eis kann sich an den Stellen, an denen diese Prozesse sichtbar werden, nicht schnell genug den Spannungen anpassen. Durch diese Zugspannungen kann der

Bild 4: Gletscherspalte. http://www.druckerchannel.de/cache_bilder/std/gletscherspalte_la1967.jpg

Eiskörper aufreißen, es entstehen Gletscherspalten.

Bei dem Scherbruch wird das Eis entlang einer Verwerfung verschoben. (GOUDIE 2007, 120) Gletscherspalten zeigen als Längsspalten die Geschwindigkeitsunterschiede zwischen der Mitte und den Rändern des Gletschers. (ZEPP 2004, 189) Die Oberflächengeschwindigkeit eines Gletschers ist nämlich oftmals in der Mitte am höchsten und erfährt zu den Seiten hin eine Verringerung, da die Reibung am anstehenden Fels die Bewegung fast auf Null sinken lässt. (GOUDIE 2007, 118)

2.6 Glazigene Landschaftsformung

Solange der Gletscher in seiner vollen Ausdehnung besteht, ist nur sehr wenig von seinen Auswirkungen auf die Sohlfläche oder die Seitenwände sichtbar. Sobald das Eis abschmilzt, kann man die Erosions- und Sedimentationstätigkeit des Gletschers erkennen und durch die Bewegung der Eismassen verursachte mechanische Vorgänge untersuchen. (PRESS 2003, 396)

2.6.1 Glazialerosion

Durch die Kräfte des sich bewegenden Gletschereises können riesige Mengen an Gestein transportiert werden. Die Gesteinsfracht, die durch den Gletscher transportiert wird, wird vom Boden und den Seiten des Gletschers erodiert und mit dem Eis an die Gletscherzunge nach einem Förderbandprinzip transportiert. Dort wird es beim Schmelzen des Eises akkumuliert. Die Erosionsarbeit des Gletschers lässt sich in mehrere Einzelprozesse unterscheiden, zu denen die Exaration, die Detersion und die Detraktion gehören. (PRESS 2003, 396)

Als Exaration wird ein Teilprozess der Glazialerosion an der Gletscherstirn bezeichnet. Hierbei wird Lockergesteinsuntergrund ausgeschürft und zusammengeschoben.

Detersion meint die schleifende Wirkung des Eises auf den Untergrund. Durch diesen Vorgang entstehen polierte Gesteinsoberflächen auf felsigen Erhebungen. Charakteristisch hierfür sind Rundhöcker. Sie steigen auf der entgegen dem Eisstrom gerichteten

Seite sanft an und fallen auf der ihm abgewandten Seite steil ab. (ZEPP 2004, 191) Die stromabgewandte Seite ist nicht wie die Luvseite abgeschliffen und glatt, sondern rau und sieht aus, wie ein auseinandergebrochener Brotlaib. Dies kommt durch die aus dem Gesteinsverband herausgerissenen Blöcke zustande. (PRESS 2003, 397) Durch Detersion entstehen Gletscherschrammen, Parabelrisse und Sichelbrüche. Diese Erosionsformen stehen immer mit der Bewegungsrichtung des Eises der Gletscherbasis in Beziehung und sind somit ein Hinweis auf die Gletscherfließrichtung. (BAUMHAUER 2006, 78)

Als Detraktion wird die herausbrechende Tätigkeit des Eises, welche bei an der Gletscherunterseite festgefrorenen Gesteinskomponenten auftritt, bezeichnet. Hierdurch kommen die steiler abfallenden Leeseiten der Rundhöcker zustande. (PRESS 2003, 396)

Im Folgenden werden ausgewählte glaziale Abtragungsformen kurz vorgestellt und erläutert, um die landschaftliche Bedeutung der Glazialerosion zu verdeutlichen.

Vom Eis freigelegte Ursprungsmulden der Hanggletscher werden als Kare bezeichnet. Aufgrund der Versteilung der Hänge sowie der Vertiefung des Bodens in Firnmulden bilden sind lehnsesselförmige Hohlformen mit steilen Rück- und Seitenwänden. (ZEPP 2004, 192) Durch die Eisauflast im Zentralbereich des Kars fließt der Gletscher dort sehr schnell und erodiert intensiv. Die Folge ist eine zunehmende Übertiefung der Mulde. Ein Grat kann sich durch die rückschreitende Erosion von einzelnen Karen bilden. Ein Berggipfel, der durch Erosion von Kargletschern an mehreren Seiten umgestaltet worden ist, wird Karling oder Horn genannt. (BAUMHAUER 2006, 79)

Bild 5: Blick beim Anstieg von Zermatt zum Matterhorn. http://www.thehighrisepages.de/bergtouren/tour_389.htm

Bewegt sich ein Talgletscher von seinem Kar aus bergab, so schürft er ein Tal aus oder vertieft und überformt ein bereits vorhandenes zu einem Trog- oder U-Tal. Die Böden dieser Täler sind eben und ihre Wände steil oder fast senkrecht. (PRESS 2003, 398) Die Wände des Tals bezeichnet man als Trogwände und an ihrem oberen Rand, der Trogkante, gehen diese in sanft ansteigende Hänge, das sogenannte Schliffbord, über. Trogschultern sind Verebnungen oberhalb von Trogtälern. (ZEPP 2004, 192)

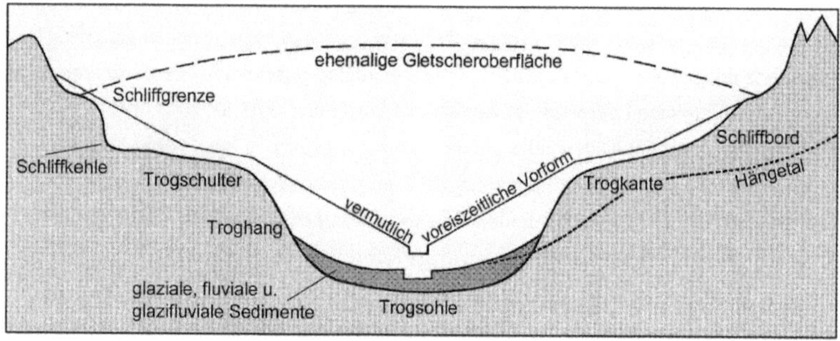

Abbildung 2: Schematischer Querschnitt durch ein Trogtal (ZEPP 2004, 193)

Einige Küsten der höheren Breiten bestehen aus engen Trogtälern, auch als Fjorde bezeichnet. Von ehemals vergletscherten Tälern auf dem Land unterscheiden sie sich dadurch, dass sie vom Meer überflutet worden sind. (GOUDIE 2007, 124) Diese Trogtäler wurden bei tiefliegendem Meeresspiegel während der Eiszeiten des Pleistozäns angelegt und sehr lang und stark übertieft. Nach dem Eisrückgang stieg auch der Meeresspiegel und im Holozän drang das Meerwasser in die Täler. (ZEPP 2004, 194)

2.6.2 Glazigene Sedimentation und Ablagerungsformen

Bei der vom Gletscher transportierten Fracht kann es sich um Material handeln, welches durch Detersion und Detraktion vom anstehenden Gestein herausgebrochen wurde oder der Gletscher transportiert Lockermaterial. Dieses kann bei Felsgletschern auch aus dem von Felshängen auf den Gletscher herabstürzenden Schutt bestehen. Im Bereich von Scherflächen und Gletscherspalten wird das Fremdmaterial oftmals ins Gletscherinnere aufgenommen. Der Schutt, der im Nährgebiet auf die Gletscheroberfläche fällt und von Schnee und Eis überdeckt und somit in große Tiefen versenkt wird, gelangt im Zehrgebiet durch die Schmelzprozesse wieder an die Oberfläche. (ZEPP 2004, 195) Die glazial transportierten Lockersedimente werden auch als Debris bezeichnet, wohingegen der Begriff der Moräne nur die abgelagerten glazialen Sedimente und die daraus entstehenden Oberflächenformen meint. Wenn Lockermaterial auf der Gletscheroberfläche transportiert wird, spricht man von supraglazialem Debris. Die ist häufig auf der Eisoberfläche deponierter Hangschutt. Wird Material im Gletscherkörper transportiert, spricht man von englazialer Debris. Lockermaterial, welches an der Gletscherbasis transportiert und erodiert wird ist subglazialer Debris. (BAUMHAUER 2006, 80)

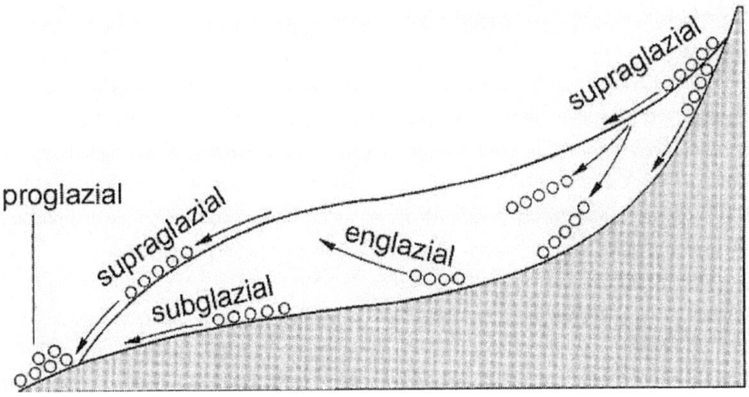

Abbildung 3: Transportpfade in einem Talgletscher (ZEPP 2004, 195)

Das Material, welches glazigen entstanden ist und auf dem Festland oder dem Meeresboden abgelagert wurde, wird als Geschiebe bezeichnet. Mit direkt durch das abschmelzende Eis abgelagerter Gletscherfracht meint man Geschiebemergel und Geschiebelehm. Geschiebemergel besteht aus ungeschichteten und schlecht sortierten Sedimenten, die toniges und sandiges Material aber auch gröbere Komponenten enthalten. Große Blöcke, die auch als erratische Blöcke oder Findlinge bezeichnet werden, lassen sich oft im Geschiebemergel finden. (PRESS 2003, 399f.)

Die bekanntesten Ablagerungsformen durch Gletscher sind die Moränen. Sie besteht aus Lehm und gröberen Geschiebe. Bei einem Moränenaufschluss lässt sich erkennen, dass die Sedimente nicht geschichtet sind. Ablagerungen sind oft aus Lehm, der stark sandhaltig und auch sehr feinkörnig sein kann. Die Geschiebe sind grob und kantengerundet, wodurch der Transport durch Wasser und Wind ausgeschlossen werden kann. (FRAEDRICH 1996, 60f.) Es gibt unterschiedliche Arten von Moränen. Die Benennung erfolgt nach ihrer Position zum Gletscher. Die markanteste Moräne, betrachtet man ihre Größe und Erscheinung, ist die Endmoräne. Durch das ständige bergabfließen des Eises gelangt immer mehr Sediment an den abschmelzenden Gletscherrand und das unsortierte Material sammelt sich in Form eines Walls oder einer bogenförmigen Kette von Hügeln und Kuppen aus Geschiebemergel an. Die Endmoräne kennzeichnet den weitesten Vorstoß des Gletschers in ein Gebiet und zeigt die ehemalige Ausdehnung eines über einen längeren Zeitraum stationären Gletschers.

Gestein und unverfestigtes Material wird auch von den Talseiten und der Sohle des Glet-

schers erodiert. Frostschutt von den angrenzenden Berghängen und Material von Massen-
bewegungen ist ebenso entlang der Talseiten in das Eis eingebettet und bildet mit dem
Gestein und unverfestigten Material die seitlich vom Gletscher abgelagerte Seitenmorä-
ne. Fließen Gletscher zusammen, so können sich die Seitenmoränen unterhalb des Zu-
sammenflusses in der Mitte des neuen Gletscherstroms zu einer Mittelmoräne vereinigen.
Auch die Seiten- und Mittelmoränen bleiben nach Abschmelzen des Gletschers als Erhe-
bung aus Geschiebemergel zurück. Als Grundmoräne bezeichnet man Schuttmaterial,
welches vom Gletscher an der Sohle abgeschürft und transportiert und dann unter dem
Eis abgelagert wurde. Eine Grundmoräne kann aus geringmächtigen und ungleichmäßig
verteilten Deckschichten bestehen oder als mächtige Abfolge den Felsuntergrund völlig
überdecken. Grundmoränen sind in der Regel hinter Endmoränen zu finden und reichen
somit in Richtung der ehemaligen Nährgebiets. Gekennzeichnet sind sie durch eine wellige Oberflächenform. (PRESS 2003, 400f.)

Weitere Ablagerungsformen durch glazialen Transport sind Drumlins, Oser, Kames, Sander und Sölle.

Drumlins treten meist im Ablagerungsbereich von Gletschern in Scharen auf. Es handelt
sich hierbei um stromlinienförmige Hügel aus Lockermaterial. Gewöhnlich bestehen sie
aus Moränenmaterial, allerdings können auch fluviale Schotter von Schmelzwasserflüs-
sen gefunden werden. Der Grundriss der Drumlins ist oval und in der Fließrichtung des
Gletschers gestreckt. Das Längsprofil ist asymmetrisch und das gegen die Fließrichtung
gekehrte Ende ist steiler als das leeseitige Ende. In der Form ähneln sie einem umgedreh-
ten Löffel. Durch Drumlins wird angezeigt, dass vorher abgelagertes glaziales Lockermaterial von einem erneuten Gletschervorstoß überfahren wurde. Drumlins sind nicht gleich-
mäßig über die Breite einer Gletscherzunge verteilt, sondern dort entstanden, wo die
Fließgeschwindigkeit des Eises ihre Formung begünstigte und genügend Lockermaterial
vorhanden war. (AHNERT 2003, 367f.)

Bild 6: Drumlinfeld. http://www.geo.cornell.edu/geology/classes/Geo101/graphics/drumlin.jpg

Oser sind lang gestreckte Dämme, von mehreren Zehn Kilometern Länge, welche durch die Akkumulation von Sand und Kies in Schmelzwasserkanälen unter dem Gletscher entstanden sind. (BAUMHAUER 2006, 83)

Als Kames werden kleine Wälle und flache Hügel aus geschichtetem Sand und Kies bezeichnet, die in der Nähe oder direkt am Rand des Eises abgelagert wurden. Kames können auch Deltaschüttungen sein, die in Seen am Eisrand entstanden sind. Nachdem der See ausgetrocknet war, blieben die Deltas als Hügel mit einer ebenen Hochfläche zurück. (PRESS 2003, 402)

Glazifluviale Aufschüttungen vor dem Eisrand nennt man Sander. Die subglazifluvialen Entwässerungsbahnen lagern nach dem Austritt aus dem Gletschereis die Geröllfracht in Schwemmkegeln ab. Schichten mit unterschiedlichen Korngrößen werden übereinander abgelagert und das Korngrößenspektrum von Sandern kann je nach Zusammensetzung der Moräne und nach Stärke des abfließenden Wassers stark variieren. (ZEPP 2004, 200)

Gebiete, die früher vergletschert waren, sind heutzutage durchsetzt von Vertiefungen, ohne Abfluss, die als Toteislöcher, Kessel oder Sölle bezeichnet werden. Viele dieser Sölle sind steilwandig und werden von Teichen oder Seen eingenommen. Entstanden sind sie durch das ungleichmäßige Zurückschmelzen des Gletschers. So können große, von der Hauptmasse des Gletschers getrennte und isolierte Eisblöcke zurückbleiben, die nur sehr langsam abtauen. (PRESS 2003, 404)

2.6.3 Glaziale Serie

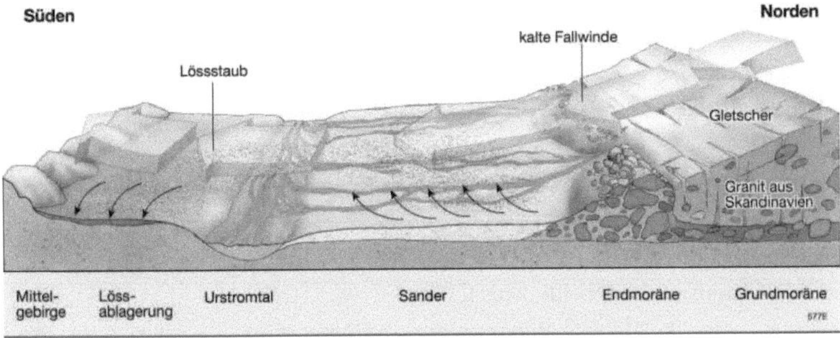

Abbildung 4: Die glaziale Serie. http://www.diercke.de/bilder/omeda/800/0577E.jpg

Unter glazialer Serie versteht man die idealtypische Anordnung und Abfolge glazialer und glazifluvialer Formen und Sedimente in Landschaften, in denen das Relief in der Vergangenheit durch Eisrandlagen geprägt wurde. Die Bezeichnung geht auf Albrecht Penck und Eduard Brückner zurück. Die Serie beginnt in der Grundmoränenlandschaft, welche in der Nähe des Eisrandes als kuppige Grundmoräne vorliegt. Das Auftreten von

Söllen, Drumlins, Kames, Osern und Zungenbecken ist hier typisch. Weiter außen sind die Endmoränen zu finden, wodurch eine Stillstandphase des Gletschers markiert wird. Die Schmelzwassersedimente schließen an, wobei diese in Norddeutschland als Sander und im Alpenvorland als Schotterfelder bezeichnet werden. Als Abschluss der glazialen Serie der nordischen Vereisung gelten die Urstromtäler, welche im Alpenvorland fehlen, da hier das Schmelzwasser ungehindert in die bereits existierenden Täler nach Norden abfließen konnte. Die Formen der glazialen Serie sind nur in den Jungmoränenlandschaften zu erkennen, da in den Altmoränenlandschaften aufgrund der periglaziären Überprägung die einzelnen Bestandteile der Serie nicht mehr zu erkennen sind.

3. Didaktische Analyse

Nach KLAFKI soll bei der Didaktischen Analyse die Frage im Zentrum stehen, aus welchen Gründen die Unterrichtsinhalte ausgewählt wurden. Dies betrifft vor allem die Zukunfts- und Gegenwartsbedeutung und die exemplarische Bedeutung des Inhalts für die Schüler. Gleichzeitig soll der Lehrstoff nach den „festgelegten fachlichen Lernzielen" (KESTLER 2002, S. 321) ausgerichtet sein. In der Praxis, also bei der Vorbereitung des Unterrichts nach einem vorgegebenen Lehrplan steht die didaktische Reduktion des Lehrinhaltes aber auch deren „optimale Anordnung und Strukturierung" im Vordergrund. Gleichzeitig soll sich der Lehrende aber auch Gedanken über Methoden und Medien machen sowie die „anthropologisch[e]-psychologischen und sozio-kulturellen Voraussetzungen berücksichtigen, die ebenfalls Einfluss auf die Unterrichtsplanung nehmen." (KESTLER 2002, S.321)

3.1 Begründete Auswahl von Inhalten

Im Folgenden soll das Thema „Die Alpengletscher" in der 5. Klasse auf seine Gegenwartsbedeutung, die Zukunftsbedeutung und die exemplarische Bedeutung, die ja als „Suchinstrument" (KESTLER 2002, S. 321) dienen sollen, im Sinne von KLAFKI hin untersucht werden, (KESTLER 2002, S. 321)

3.1.1 Exemplarische Bedeutung

Die exemplarische Bedeutung klärt, welcher allgemeine Inhalt durch das Thema verdeutlicht werden soll bzw. welcher allgemein gültige Sachverhalt im speziellen Unterrichtskomplex enthalten ist. Das Thema lautet: „Die Alpengletscher". Damit reiht es sich in den Komplex des „Zusammenwirken[s] von endogenen und exogenen Kräften bei der Herausbildung der Oberflächenformen" (ISB Gym. 5. Klasse) ein und dient als sehr anschauliches Beispiel der exogenen Oberflächenformung. Gleichzeitig schafft man einen Bezug innerhalb Bayerns. Die Schüler sollen also lernen, dass die Landschaft, in der sie sich bewegen einer permanenten Formung unterworfen ist bzw. unterworfen war. Außerdem sollte man betonen, in welch enormen Zeitrahmen die Formung durch Gletscher stattgefunden hat und damit auch ein Vorstellungsvermögen für die Zeitalter der Erde zu vermitteln. Zudem kann ein Zusammenhang mit der endogenen Oberflächenformung hergestellt werden, wenn man die Alpengenese vor den Gletschern grundlegend behandelt. Somit wird also ein erstes Verständnis für die Raumentstehung und -prägung in Bayern und auch allgemein bei den Schülern geschaffen. Die Schüler sollen verstehen, wie ein Gletscher, den sie zunächst als statisches Gebilde wahrnehmen, eine enorme Raumprägung vornehmen kann und damit die Möglichkeit haben, dies auch auf andere Regionen der Welt zu übertragen. Gleichzeitig soll ein Zusammenhang vermittelt werden zwischen den zwar geringen Fließgeschwindigkeiten des Eises und den damit auch nur gering wirkenden Kräften und dem riesigen Zeitrahmen der Eiszeiten, der eine solch deutliche Formenschaffung überhaupt erst möglich gemacht hat. Zudem sollte ein Zusammenhang hergestellt werden zwischen den Eigenarten des Naturraums Alpen und den glazialen Formen und der landwirtschaftlichen und touristischen Nutzung dieses Gebiets. So machen sich die Lernenden klar, wie stark die Auswirkungen dieser Formung bis heute sind.

Insgesamt geht es also darum, eine erste Vorstellung bei den Schülern für die endogenen und exogenen Kräfte und ihre Auswirkungen für anthropogene Lebensweise und Nutzung auf den sie umgebenden Raum zu schaffen.

3.1.2 Gegenwartsbedeutung

Hinsichtlich der Gegenwartsbedeutung muss man Überlegungen anstellen, was der Unterrichtsinhalt bereits im Leben der Schüler bedeutet und außerdem, was er bedeuten sollte. (KESTLER 2002, S. 37) Dabei spielen natürlicherweise persönliche Erfahrungen, der soziale Hintergrund aber auch Vorwissen, das bereits in der Grundschule erworben wurde, ein Rolle.

Die Gegenwartsbedeutung von Gletschern und ihrer formenden Kraft für Schüler aus dem süddeutschen Raum liegt auf der Hand: Sie kennen vermutlich alle einen alpinen Gletscher aus der Freizeitgestaltung, beispielsweise vom Skifahren oder Wandern. Es dürften auch Erfahrungen vorliegen, dass Gletscher enorme formende Kräfte entwickeln z. B. in Tälern. Weiterhin besteht möglicherweise schon eine Sensibilität für die Gefahr für Skifahrer und Wanderer durch Gletscherspalten. Außerdem darf man mit an Sicherheit grenzender Wahrscheinlichkeit annehmen, dass in diesem Zusammenhang auch schon ein Bewusstsein für die Umweltproblematik Klimaerwärmung vorhanden ist. Das Schwinden der alpinen Gletscher als deren Folge hat durch die starke Diskussion in den Medien bestimmt schon Eingang in das Bewusstsein der Schüler, auch schon in der 5.

Klasse, gefunden. Außerdem besitzen sie vermutlich bereits rudimentäres Wissen über die formende Kraft der Gletscher aus dem Heimat- und Sachunterricht.

3.1.3 Zukunftsbedeutung

Die Zukunftsbedeutung soll den Schülern, wie schon im Wortsinn enthalten Bedeutungen des Themas für die Zukunft aufweisen. Die Übertragung der durch Gletscher geschaffenen Formen auf andere Landschaften und damit ein umfassenderes Raumverständnis liegen im Rahmen einer möglichen Zukunftsbedeutung für die Lernenden für die zukünftige Schul- Universitäts- oder auch Berufslaufbahn.

Man könnte im Zusammenhang mit den alpinen Gletschern außerdem ein verstärktes Umweltbewusstsein und eine erhöhte Sensibilität für das Problemfeld Klimaerwärmung und den sich daraus ergebenden Folgen erreichen. Der Gletscher als Lebensraum für verschiedene Tier- oder Pflanzenarten, die durch das Abschmelzen bedroht sind, kann helfen, ein verstärktes Verantwortungsbewusstsein für die Natur zu schaffen. Die zukünftige Bedeutung für den Schüler ist hier klar: Die Erhaltung des eigenen Lebensraumes im Rahmen der Nachhaltigkeit und des Umweltschutzes.

3.2 Unterrichtsbezogene Inhaltsanalyse

Wie oben bereits angedeutet, sind die Unterrichtsthemen durch einen Lehrplan in der Schulrealität meist bereits vorgegeben und so muss nun besonders darauf geachtet werden, den fachwissenschaftlichen Inhalt soweit zu reduzieren und zu vereinfachen, dass der jeweiligen Jahrgangstufe („Adressatenkreis") angepasst eine bestmögliche didaktische Wirkung erzielt werden kann. Dies nennt man didaktische Reduktion.
Zum zweiten sollte man eine „optimale Anordnung und Strukturierung der Inhalte" (KESTLER 2002, S. 321) vornehmen. (KESTLER 2002, S. 321)
Die folgenden beiden Abschnitte widmen sich diesen Punkten zum Thema „Die Alpengletscher".

3.2.1 Didaktische Reduktion

Für die fünfte Klasse sollte eine umfassende didaktische Reduktion der Sachanalyse Gletscher und glazialer Formenschatz vorgenommen werden, um die Schüler, die u. U. das erste Mal mit diesem Thema in Berührung kommen, nicht zu überfordern. So sollen v. a. Grundbegrifflichkeiten zu Entstehung und Aufbau eines Gletschers sowie zum glazialen Formenschatz vermittelt werden. Dazu gehört v. a. die grobe Abfolge der glazialen Serie nach PENCK. Eine feinere Unterteilung des Begriffs Moräne soll an diesem Punkt jedoch nur in Grund- Seiten und Endmoräne erfolgen. Außerdem wird der Begriff der Erosion eingeführt, ohne jedoch genaue physikalische Funktionsweisen anzusprechen, da noch kein ausreichendes naturwissenschaftliches Vorwissen vorhanden ist. Auch der Temperaturhaushalt der Gletscher und die Massenbilanz bleiben aus demselben Grund außen vor.

3.2.2 Optimale Anordnung und Strukturierung der Inhalte

Anordnung und Strukturierung der Inhalt erfolgt nach dem Prinzip der drei Phasen Einstieg, Erarbeitung und Ergebnissicherung. Aufgrund des doch recht umfangreichen Themenblocks und der Tatsache, dass die Einheit für eine fünfte Klasse konzipiert wird, soll dieses Prinzip zweimal zum Einsatz kommen, in zwei zeitlich getrennten aber im Verlauf der Schulwoche aufeinander folgenden Stunden. Dabei sollen zunächst die Entstehung und der Aufbau eines Gletschers behandelt werden und dann in der zweiten Sitzung der glaziale Formenschatz zur Besprechung kommen. Näheres zum Methodeneinsatz und der genauen Anordnung erfolgt in der methodischen Analyse.
Die Übertragung der Landschaftsformen der Alpen auf die heutige landwirtschaftliche und touristische Nutzung soll nach dieser Planung in einer folgenden Stunde geschehen, wenn der Lebensraum Alpen anthropogeographisch betrachtet wird.

3.3 Festlegung der Lernziele

Generell kann man sagen, dass das oberste Ziel des Fachs Geographie, das Richtziel, die sog. „Raumverhaltenskompetenz" darstellt. Diese Raumverhaltenskompetenz beinhaltet alle potenziellen Ziele des Geographieunterrichts und trotz umfassender Kritik stellt sie laut KESTLER die „treffendste oberste innerfachliche Zielformel" (KESTLER 2002, S. 58) dar. Nun muss dieses Richtziel im Rahmen des dreistufigen Systems der Zielunterteilung innerhalb der Fächer (nach MÖLLER) für den praktischen Unterricht weiter verfeinert werden, um daraus präzise Inhalte und Methoden ableiten zu können. Dies nennt man Operationalisierung. Das Richtziel wird also in Grob- und dann Feinziele ausdifferenziert, wobei der Grad an Abstraktion jeweils abnimmt. (KESTLER 2002, S. 57 – 59)
Im Folgenden soll das Prinzip der Grob- und Feinziele auf das vorliegende Thema angewendet werden, wobei auch auf den Lehrplan Rücksicht genommen wird.

3.3.2 Grobziele

Die Grobziele befinden sich wie oben bereits angedeutet zwischen Richtziel und Feinziel. Sie besitzen also einen „mittleren Grad an Eindeutigkeit, Abstraktion und Reichweite" (KESTLER 2002, S. 59). So existieren bereits vorformulierte und jahrgangsstufenübergreifende Grobziele für den Geographieunterricht. (KESTLER 2002, S. 59 – 60)

Doch in Übereinstimmung mit KESTLER, soll hier ein Grobziel bereits für eine einzelne Unterrichtseinheit mit der Dauer von zwei normalen Unterrichtsstunden (zeitlich getrennt, keine Doppelstunde) zum Thema „Der Alpengletscher" formuliert werden.

Dieses Grobziel lautet: „Die Schüler sollen ein grundlegendes Verständnis für die Alpengletscher als überformende Kraft im Rahmen des exogenen und endogenen Kräftehaushalts entwickeln." Damit ist bereits ein grober inhaltlicher Rahmen abgesteckt, der jetzt „nur" noch mit den Feinzielen ausgefüllt werden muss. Er bietet einen mittleren Grad an Abstraktion, da das Thema bereits inhaltlich auf den Alpengletscher fixiert ist, aber noch keine Angaben zu den tatsächlich behandelten Aspekten vorliegen, z. B. ob v. a. auf den glazialen Formenschatz eingegangen werden soll, auf den Aufbau des Gletschers, auf die Gefahren durch Gletscherspalten, auf die Funktionsweise der glazialen Erosionskraft, auf die Thermik von Gletschern usw.. Dies erfolgt erst bei der Feinzielerstellung, die nun anschließt.

3.3.3 Feinziele

Die Feinziele sind letztendlich das, was den Unterricht tatsächlich ausmacht. Sie beschreiben also die konkreten Aktionen, die die Schüler ausführen müssen und die dann zu „beobachtbarem und messbarem Verhalten führen" (KESTLER 2002, S. 60). Die Lehrkraft sollte hierbei aber darauf achten, dass sie die Zahl der Feinziele begrenzt um den Unterricht nicht zu überfrachten und ein erfolgreiches Ergebnis zu erzielen. Die Feinziele besitzen also den geringsten Grad an Abstraktion und Reichweite. Dennoch kann man davon ausgehen, dass wenn die Feinziele erreicht werden, auch Grob- und Richtziele erreicht sind. Dabei sollten „die Feinzielkontrollen durch komplexe Tests" (KESTLER 2002, S. 61) erweitert werden. (KESTLER 2002, S. 60 – 61)

Nun sollen also zwei Feinziele formuliert werden, jeweils eines, das eine komplette Unterrichtsstunde ausfüllt. Das erste lautet: Die Schüler sollen mit Hilfe des Films die Entstehung und den Aufbau eines Gletschers erschließen und verstehen. Das erarbeitete Wissen wird durch einen Hefteintrag und eine selbst erstellte Skizze gesichert.

Für die nächste Stunde gilt dann: Die Schüler sollen sich durch das aktive Ansehen eines zweiten Ausschnitts des Films Grundbegriffe zum glazialen Formenschatz neu aneignen und sollen am Ende der Stunde eine vereinfachte glaziale Serie kennen. Der Film wird an geeigneten Stellen gestoppt und die Schüler müssen in Partnerarbeit jeweils passende Aufgaben lösen. Dieses Wissen wird durch gemeinsame Kontrolle mit der Lehrkraft gesichert.

3.4 Lehrplanbezug

Ein Lehrplanbezug zum Thema „Der alpine Gletscher und die durch ihn geschaffenen

Formen" ist direkt sowie indirekt an mehreren Punkten gegeben: Es soll laut Lehrplan nämlich das Grundwissen erworben werden, „an konkreten Beispielen das Zusammenwirken endogener und exogener Kräfte bei der Herausbildung der Oberflächenformen" zu erklären (ISB Gym. 5. Klasse). Speziell wird dieser Themenkomplex im Punkt Naturräume in Bayern und Deutschland erwähnt, laut dem der Naturraum Alpen unter anderem in seiner Genese und den ihn überformenden Kräften untersucht werden soll, also den Gletschern. Hierbei könnte man im Jahresverlauf damit beginnen, die Alpengenese als Beispiel für endogene Formung und daran anschließend, die alpinen Gletscher als exogene Kräfte zu behandeln. Ein weiteres Ziel, das im Lehrplan genannt wird, ist die Festigung der regionalen Identität der Schüler (ISB Gym. 5. Klasse). Dieses Ziel kann vom Voralpenland des östlichen Bayern bis hin zu dem des Allgäus durch die Behandlung der Gletscher im Unterricht, da dort überall der glaziale Formenschatz prägend für die Landschaften ist. Als letzter Bezugspunkt zum Lehrplan soll noch das „Lupe in den Heimatraum" – und „Fenster zur Welt" – Prinzip genannt werden. Auf beide Teilaspekte ist das vorliegende Thema anwendbar. Bei der Lupe kann man in Südbayern die Gletscher als maßgeblich formende Kräfte bei der „Landschaftsgenese im Heimatraum" anwenden, beim Blick in die Welt die Alpengletscher als lokale Ausprägung der Eiszeit, die jedoch global umfassende Spuren hinterlassen hat. (ISB Gym. 5. Klasse)

4. Methodische Analyse

In der methodischen Analyse soll man nun festlegen, wie man die didaktischen Intentionen am besten und erfolgreichsten vermittelt. Das bedeutet, es erfolgt eine Auswahl der Aktions- und Sozialform sowie der Art der Medien, die man verwenden möchte. (KESTLER 2002, S. 322)
Was den Medieneinsatz im Unterricht betrifft, so werden im vorliegenden Fall Foto, Tafel, Arbeitsblatt sowie ein Film in Form einer VHS-Kassette eingesetzt werden. Ausführlich behandelt wird unter Bezugnahme auf das Thema der Seminararbeit aber besonders der Einsatz des Films.

4.1 Einstieg

4.1.1 Erste Stunde

Der Einstieg erfolgt in der ersten Stunde zum Thema Gletscher über ein Foto eines Gletschers (Aletschgletscher o. ä.). Die Schüler sollen sich dazu spontan äußern und als erstes klären, was auf dem Bild zu sehen ist. Dabei werden vermutlich verschiedenste Themen angeschnitten, die vom Skiunfall der Mutter bis hin zu grundlegenden fachlichen Aspekten, wie z. B. dass Gletscher Moränen vor sich herschieben, reichen könnten. Bereits hier kann eine gewisse Zielführung der Lehrkraft weg von den persönlicheren Themen hin zu für den Unterricht relevanten Punkten stattfinden. Die Aktionsform ist also das Lehrgespräch oder der Impulsunterricht. Die Lehrkraft greift daraufhin die Aspekte heraus, die sich zur Hinführung zum Thema eignen. Sie stellt im Lehrvortrag heraus, was das Thema Gletscher im Unterricht bedeutet und gibt hier bereits einen Zeitrahmen der Eiszeiten vor, macht also klar, dass eine umfassende Vergletscherung maßgeblich während der Eiszeiten existierte. Gleichzeitig muss man aber auch deutlich machen, dass es in den Alpen in den hohen und höchsten Lagen immer noch Gletscher gibt.

4.1.2 Zweite Stunde

In der zweiten Stunde zum Thema Gletscher kann man einen guten Einstieg über die gemeinsame Wiederholung der letzten Stunde finden. Eine Lernzielkontrolle stellt sich für die Verfasserin an dieser Stelle als noch nicht sinnvoll dar, da erst das gesamte Thema erfasst und in Zusammenhang gebracht werden sollte. Dabei kann man die Eisbewegung dazu nutzen, zur Schaffung verschiedenster Formen überzuleiten. Die bei der Eisbewegung entstehende Kraft kann man über einen Vergleich schön erklären, es bietet sich in diesem Zusammenhang ein Fluss als Beispiel an.

4.2 Erarbeitung

4.2.1 Erste Stunde

Die Erarbeitung des ersten Blocks zum Thema Gletscher erfolgt über das Ansehen eines Unterrichtsfilms. Dieser liegt als VHS-Kassette vor und wird aber kapitelweise betrachtet. Hierzu wird der Arbeitsauftrag erteilt, den Film aufmerksam zu folgen und sich Dinge, die wichtig erscheinen, aufzuschreiben. Dann wird der Film gestartet und ohne Kommentar bis zum geplanten Endpunkt vorgeführt. Das ist im vorliegenden Fall das erste Kapitel des Films „Gletscher": „Talgletscher – Ströme aus Eis" mit den Unterpunkten „1. Vom Schnee zum Gletscher", „2. Nährgebiet – Zehrgebiet" und „3. Eisbewegungen". Der letzte Unterpunkt „Gletscherspalten" wird weggelassen, da er den zeitlichen Rahmen sprengen würde. Dies nimmt ca. 7 Min in Anspruch. Nach dem Film sollen ca. 5 Min auf Fragen verwendet werden, die bei den Schülern vielleicht aufgetreten sind.

4.2.2 Zweite Stunde

Die Erarbeitung erfolgt in der zweiten Stunde wie auch schon in der ersten über das Ansehen des Filmes. Da die Schüler damit jetzt aber schon Erfahrung gemacht haben, werden sie von der Lehrkraft nachdrücklich dazu aufgefordert, aufmerksam zu sein und sich

Stichpunkte zu notieren. Im Film wird das Kapitel „Gletscher und Landschaft" gezeigt, welches in erstens „Abtragungsformen des Eises", zweitens „Ablagerungen des Eises" und drittens „Ablagerungen des Schmelzwassers" untergliedert ist. Hier werden das Trog- oder U – Tal, der Begriff des Kars, der Moräne (Seiten- und Endmoräne) sowie des Findlings eingeführt. Außerdem werden das Gletschertor sowie die Gletschermilch erklärt. Auch die großflächigen Schmelzwasserablagerungen vor dem Gletscher kommen zur Sprache, es wird im Film aber nur die Bezeichnung „Sander" verwendet. Als Neuerung soll der Film aber nicht am Stück vorgeführt werden, sondern unterteilt nach den einzelnen Unterpunkten. Vor Beginn des Films wird ein Arbeitsblatt ausgeteilt und die Schüler dazu aufgefordert, sich die Fragen gut durchzulesen und im Film besonders auf die entsprechenden Punkte zu achten. Nach jedem Kapitel wird gestoppt und die Schüler haben die Gelegenheit, die entsprechenden Aufgaben des Arbeitsblattes in Partnerarbeit zu lösen.

4.3 Sicherung und Wiederholung

4.3.1 Erste Stunde

Die Sicherung des durch den Film Erlernten erfolgt durch einen Hefteintrag, der zunächst kurz in Textform die Entstehung eines Gletschers beschreibt, das Prinzip Nährgebiet und Zehrgebiet definiert sowie kurz in Worten die Eisbewegung als das Gleiten auf einem Wasserfilm erklärt. Zu Nährgebiet und Zehrgebiet wird eine einfache Skizze erstellt, die auch den Begriff „Gletscherzunge" als das „nach vorn schmaler werdende[s] u. zungenartig auslaufende[s] Ende eines Gletschers" (DUDEN –DEUTSCHES UNIVERSAL-WÖRTERBUCH; CD – ROM 2003) darstellt.

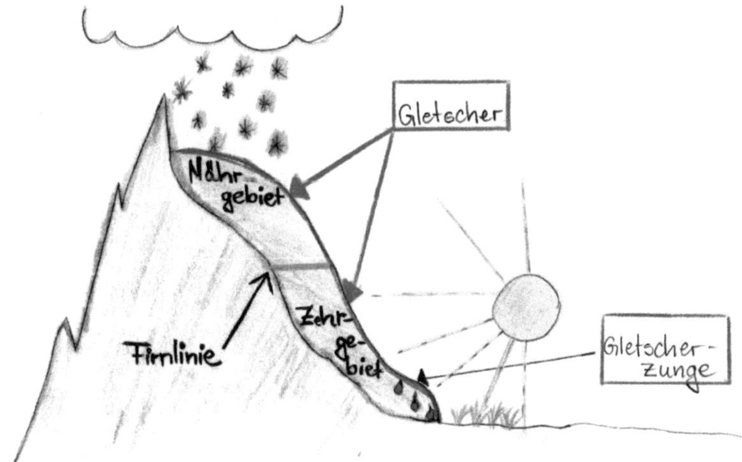

Abbildung 5: Tafelbild, eigene Skizze

Bei der Skizze ist es besonders wichtig, auf eine eindeutige Farbgebung zu achten, um eine Nacharbeit zu Hause zu erleichtern. Außerdem stellt das Anfertigen von kleinen Zeichnungen gerade in der fünften Klasse einen nicht zu unterschätzenden positiv motivierenden Anreiz für die Schüler dar.

4.3.2 Zweite Stunde

Die Sicherung findet in der gemeinsamen Kontrolle der in Partnerarbeit festgestellten Ergebnisse zum Arbeitsblatt statt. Dabei wird das Arbeitsblatt quasi zum Hefteintrag und die Lehrkraft hat Gelegenheit, bestimmte Punkte zu ergänzen, die im Film nicht erwähnt worden sind. Dies betrifft besonders die Schmelzwasserablagerungen vor den Endmoränen. Leider verwendet der Film nur den eher für die sich im Norddeutschen Tiefland befindenden Schmelzwasserablagerungen „Sander". Zusätzlich zu den Informationen im Film sollte man also weiterhin darauf eingehen, dass „Sander" in Süddeutschland durch den Begriff der Schotterebene ersetzt wird. Weiterhin ist zu ergänzen, dass die Vertiefung, welche die Gletscherzunge zurücklässt, als Zungenbecken bezeichnet wird und in Bayern zahlreiche Zungenbeckenseen von einem Vorstoß der Alpengletscher ins Vorland zeugen.

5. Verlaufsplanung zweier aufeinander folgender Stunden

5.1 Erste Stunde

Zeit	Inhalt	Medien/ Methoden
1 Min	Begrüßung, Organisatorisches	
5 Min	Bild von einem Gletscher Sammeln von spontanen Schüleräußerungen	Bild, Overheadprojektor
5 Min	Vorstellung und Einführung des Themas durch die Lehrkraft	Lehrvortrag
7 Min	Film zum Thema Gletscher → Entstehung, Aufbau, Eisbewegung	VHS - Kassette, Fernseher (Film)
5 Min	Beantwortung von Verständnisfragen	Unterrichtsgespräch
20 Min	Sicherung der Ergebnisse durch Hefteintrag, Erstellung einer Skizze: grober Gletscheraufbau	Tafelanschrift, farbige Kreide
2 Min	Hausaufgabe, Verabschiedung	

Tabelle 2: Verlaufsplanung Unterrichtsstunde 1

5. 2 Zweite Stunde:

Zeit	Inhalt	Medien/ Methoden
1 Min	Begrüßung, Organisatorisches	
4 Min	Wiederholung des Themas Gletscheraufbau	Unterrichtsgespräch
20 Min	Einführung des glazialen Formenschatzes, Nach den Sinnabschnitten Unterbrechung des Films und in Partnerarbeit Lösung des Arbeitsblattes	Film → Videorekorder und Fernseher, Arbeits- blatt + Partnerarbeit
18 Min	Gemeinsame Kontrolle des Arbeitsblattes + Ergänzungen durch die Lehrkraft	Unterrichtsgespräch, Folie
2 Min	Hausaufgabe und Verabschiedung	

Tabelle 3: Verlaufsplanung Unterrichtsstunde 2

Anhang

Arbeitsblatt Gletscher und Landschaft

1. Abtragungsformen des Eises

Abbildung 1

a) Wie nennt man die hier abgebildete typische Talform?
   Nenne ein Dir bekanntes Beispiel.

b) Wie sind Täler dieser Art entstanden?

Abbildung 2

a) Was sind Kare?

b) Durch Kargletscher entstehen oft scharfkantige Felsgrate, die Karlinge.
   Nenne ein Dir bekanntes Beispiel, das auch oben abgebildet ist.

2. Ablagerungen des Eises

Abbildung 3

Was ist auf der obigen Abbildung zu sehen und wie entsteht diese Form?

Abbildung 4

Wie nennt man diese großen Steine?

Abbildung 5

a) Was sind Moränen? Nenne verschiedene Arten.

b) Eine davon ist auf dem Bild oben zu sehen. Benenne sie.

3. Ablagerungen des Schmelzwassers

Abbildung 6

a) Was ist hier abgebildet und wo am Gletscher befindet es sich?

b) Was tritt hier aus und wie wird die Flüssigkeit wegen ihrer Trübheit genannt?

c) Wie nennt man die großflächigen Schmelzwasserablagerungen, die sich vor den ehemaligen Gletschern befinden?

MERKE:

In Süddeutschland werden diese Ablagerungen „**Schotterfläche**" oder „**Schotterebene**" genannt.

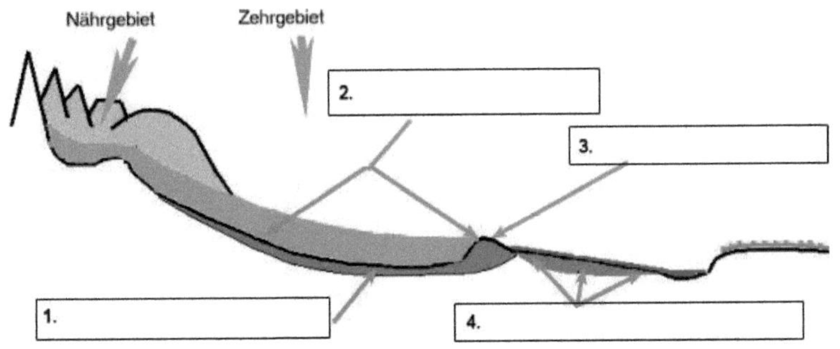

Abbildung 7

4. Beschrifte diese Abbildung

Dic Abfolge von

1.

2.

3.

und 4.

nennt man „Glaziale Serie"

Literaturverzeichnis

AHNERT, F. 2003: Einführung in die Geomorphologie. Verlag Eugen Ulmer, Stuttgart.

BAUMHAUER, R. 2006: Geomorphologie. Wissenschaftliche Buchgesellschaft, Darmstadt.

BÖHM, R et al. 2007: Gletscher im Klimawandel: vom Eis der Polargebiete zum Goldbergkees in den Hohen Tauern. Zentralanstalt für Meteorologie und Geodynamik,Wien.

BRUCKER, A. 1986: Handbuch Medien im Geographieunterricht. Pädagogischer Verlag Schwann-Bagel GmbH, Düsseldorf.

DUDEN – DEUTSCHES UNIVERSALWÖRTERBUCH, CD – ROM 2003

FRAEDRICH, W. 1996: Spuren der Eiszeit: Landschaftsformen in Europa. Springer Verlag, Berlin.

GEIGER, M. 1980: Super-8-Filme im Geographieunterricht. Verlag Julius Klinkhardt, Bad Heilbronn.

GOUDIE, A. 2007: Physische Geographie: eine Einführung. Spektrum Akademischer Verlag, Heidelberg.

GREES, H. 1963: Film und Lichtbild im exemplarischen Erdkundeunterricht. Institut für Film und Bild in Wissenschaft und Unterricht, München.

KESTLER, F. 2002: Einführung in die Didaktik des Geographieunterrichts. Verlag Julius Klinkhardt, Bad Heilbronn.

KÖCK, H und STONJEK, D. 2005: ABC der Geographiedidaktik. Aulis Verlag Deubner, Köln.

LESER, H. 2005: Diercke: Wörterbuch Allgemeine Geographie. Deutscher Taschenbuch Verlag GmbH & Co. KG, München.

PRESS, F. 2003: Allgemeine Geologie: Einführung in das System Erde. Spektrum Akademischer Verlag, Heidelberg.

RINSCHEDE, G. 2005. Geographiedidaktik. Verlag Ferdinand Schöningh, Paderborn.

ZEPP, H. 2004: Geomorphologie. Ferdinand Schöningh, Paderborn.

Internetquellen:

ALEAN, J und HAMBREY, M.: http://www.swisseduc.ch/glaciers (Stand: 05.01.2009)

BUJACK, Th.2007: http://www.bujack.de/berichte/reise/nordpolflug.htm (Stand: 05.01.2009)

Cornell Universitiy: http://www.eas.cornell.edu/ (Stand: 05.01.2009)

Diercke: http://www.diercke.de/ (Stand: 05.01.2009)

Drucker-Fachmagazin: http://www.druckerchannel.de/ (Stand 05.01.2009)

Geolinde: http://www.geolinde.musin.de/ (Stand: 18.01.2009)

Geologische Bundesanstalt: http://www.geologie.ac.at/ (Stand: 18.01.2009)

GFU-Gesellschaft für Unterhaltungs- und Kommunikationselektronik mbh: http://www.gfu.de (Stand: 02.01.2009)

REICHMUTH, D: http://www.erratiker.ch/ (Stand: 18.01.2009)

SCHULER, D.: http://www.videooncd.de (Stand: 31.12.2008)

SF-Schweizer Fernsehen: http://www.sf.tv/ (Stand: 05.01.2009)

Top-Wetter: http://www.top-wetter.de/ (Stand: 18.01.2009)

Zentrale für Unterrichtsmedien im Internet e.V.: http://satgeo.zum.de/ (Stand: 18.01.2009)